科创少年来了

像土木工程师一样思考

[英]珍妮·雅各比/著 [波]露娜·瓦伦丁/绘 陈渭中 汤宁/译

浙江教育出版社·杭州

图书在版编目(CIP)数据

像土木工程师一样思考 / (英) 珍妮·雅各比著 ; (波) 露娜·瓦伦丁绘 ; 陈渭中, 汤宁译. -- 杭州 : 浙江教育出版社, 2024.5(2024.10重印)
(科创少年来了)
ISBN 978-7-5722-7752-8

Ⅰ. ①像… Ⅱ. ①珍… ②露… ③陈… ④汤… Ⅲ. ①土木工程一少儿读物 Ⅳ. ①TU-49

中国国家版本馆CIP数据核字(2024)第097102号

浙江省版权局著作权合同登记号：图字11—2024—092号

目录

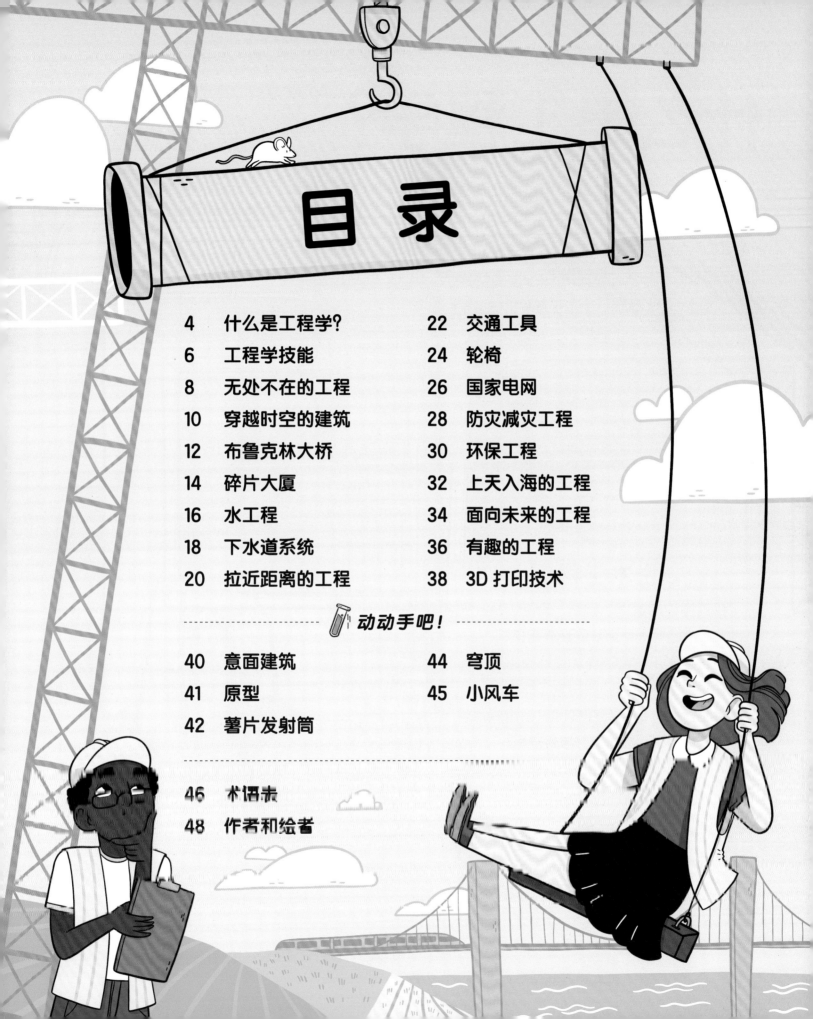

什么是工程学？

简单来讲，工程学就是运用科学原理来解决实际问题的一门应用学科。实践工程学的人叫“工程师”，工程师们运用他们所掌握的科学、技术和数学知识，努力将创造性的想法转化为可以造福社会的物体，是脚踏实地的问题解决者。工程学有很多细分领域，其中就包括土木工程和机械工程。

土木工程

我们身边的道路、铁路、房屋、桥梁、港口等不可或缺的设施和建筑，都是土木工程的杰作。设计新事物并不是土木工程师的日常工作，大多数时候，他们都在确保已有设施的运行良好，并研究其改进空间。

工程师会考虑用哪种材料最合适。
工程师与建筑工人密切合作，严格按照设计图施工。

翻到 23 页，可以了解更多关于自行车的知识哟。

机械工程

机械工程旨在设计、制造和运用各类机械。从踏板车和火车到折叠自行车和电动扶梯，我们的出行因为机械工程师的设计而更加轻松、便利。除此之外，机械工程还可以使我们的身体变得更加健康，让我们的生活变得更加环保。

工程学技能

如果想像工程师一样解决问题，就需要掌握许多技能。有些技能只能在漫长的求学过程中一点点获得，比如数学和科学知识；还有一些技能是我们本来就具备的，比如观察力和想象力。

如果想要建造稳固的建筑物，那么至少要懂得不同形状结构的特性，还要学会测量。而在**数学**课上，我们可以学到这些知识。

在**科学**课上，我们可以学到万物运转的原理，以及观察、测量世界的方法。在科学探究中，我们可以大胆想象，并用实验去检验自己的想法。

游戏和探索能给我们带来许多**解决问题**的可能。工程师不会让问题成为他们实施计划的障碍，正如我们不会一遇到问题就放弃玩耍一样！

我们可以通过**观察世界**了解万物运作的方式，进而产生新的创意。

在**设计**课上，我们学着把创意直观地呈现出来，并不断优化它们。

团队合作

没有人能同时具备所有工程学技能，因此团队合作显得格外重要。不同的人能给团队带来不同的贡献，当大家通力合作时，令人惊叹的工程才有可能被打造出来！

灵感无所不在。如果你想用木材建造房屋，与其关起门来冥思苦想，不如出去走走。或许已经有人或动物研究出该如何做了。

想象力是一个重要技能。许多工程项目都始于漫无边际的想象，以及“如果……会怎样”的思考。

我们大多数人都**希望世界变得更好**。想要为这个美好的憧憬努力是成为工程师的第一步。

亲自**动手建造**能帮助我们进一步了解材料，熟悉它们的特性，以及彼此间的相互作用。这也是检验创意是否可行的一种好方法。

只有通过**研究材料**，熟悉不同材料的结构和性质，才能为不同的工程项目挑选合适的材料。

无处不在的工程

我们生活的世界里到处都有工程的影子。即使我们离开城市去大自然中散步，工程师们的作品也无处不在：我们使用的所有交通工具、走过的每一条马路、携带的电子设备都是工程师们智慧的结晶。

工程师们设计了这座正在施工中的建筑物。他们需要在现场工作，以便及时解决施工问题。

这些太阳能板将太阳的能量转化为电能，为楼下的住户供电。
交通信号灯能控制车流、人流，确保交通安全。有的信号灯有行人过街按钮，行人只要按下按钮，就能控制信号灯。
工程师们研制出了非常坚硬的路面材料，使道路能承受大量交通工具带来的压力，同时用小斜坡设计将雨水引入排水沟。
输送电力、天然气和水的管道被安全地埋在地下。地面上每隔一段距离就有一个检修口（我们常看到的井盖），方便工作人员排查、解决管道问题。

开启桥放下时可以让车辆从河的一岸抵达另一岸，抬起时可以让船只通过。
风力发电机能为城镇提供电力，且不造成任何污染。
这艘船上的集装箱装载着运往世界各地的货物。为了方便堆叠，工程师们将集装箱的形状和大小设计成一样的，再利用计算机程序计算出最佳的堆叠顺序。
有了这条道路，人们就不会在穿过树林的时候迷路或弄得一脚泥了。
游客中心的建筑就地取材，因此能很好地融入周围的环境中。
游客中心
电动汽车充电桩一般安装在人们需要的地方。有些充电桩甚至安装在了已有的道路设施中，比如路灯灯柱上。
欢迎
体积小、质量轻的车辆可以从这座桥上通过，小型船只则从桥下穿过。

穿越时空的建筑

人类建筑史可以追溯到上万年前。早期建筑主要是为了满足人类最基本的生存需求，比如遮风避雨、御寒。虽然它们中的绝大部分已经消逝在了历史长河里，但世界各地依然耸立着许多古代工程奇迹，它们以独特的语言向我们述说着一个时代、一段历史。

法国嘉德水道桥（公元 50 年）

古罗马人是伟大的土木工程师。大约公元 50 年，为了把淡水输送到当时的重镇尼姆（位于法国境内），古罗马人大兴土木，修建了一座雄伟的三层石拱桥——嘉德水道桥。这座水道桥的每一层都有数目不等的圆形桥拱，这使它不仅能承受桥顶水道的压力，还能抵挡桥下水流的冲击。由于石料切割精确，石块之间严丝合缝，因此大桥建设中没有使用灰泥。高超的建筑工艺使嘉德水道桥成为世界上保存最完好的罗马遗迹之一。

墨西哥库库尔坎金字塔（750—1200 年）

位于墨西哥的奇琴伊察是最大的玛雅古城之一，古城遗址上遍布玛雅建筑遗迹，其中最出名的要数库库尔坎金字塔了。这座金字塔是为供奉库库尔坎（玛雅文化中的羽蛇神）而建的，要到达位于塔顶的神庙，需要爬 91 级台阶。金字塔的四面都有台阶，朝北的台阶底部雕刻了一个带羽毛的蛇头。每逢春分和秋分，阳光就会在金字塔的一面形成三角形阴影，与蛇头一起构成一条从塔顶向大地游动的蛇。在玛雅工程师的巧妙设计下，这座金字塔不仅能够屹立千年不倒，还与自然环境产生了有趣的互动。

中国明长城（1368—1644 年）

我们现在所说的长城一般指明长城。为了抵御蒙古游牧民族，明朝陆续修建了很多年长城，它最终在 1644 年形成了现在的样子。墙体现存最古老的部分距今已有 2300 多年的历史。总体来看，长城依势而建，最大程度地利用了大自然（山峰、悬崖以及河流）进行防御。而人造防御工事主要由三部分组成：

- 城墙：墙身约 8 米高，厚实的底部能使其更加坚固稳定。
- 关隘：有点像小型城堡，关隘间距大致接近。人员和物资可以经由关隘的坡道或梯道抵达长城的另一边。
- 烽火台：一般设在长城的制高点上，有士兵把守。士兵们可通过烽火和烟雾传递军情。

英国皇家新月楼（1767—1774 年）

这座位于英国巴斯市的半圆形建筑群典雅又气势恢宏，是乔治亚风格鼎盛时期的设计作品。150 米长的皇家新月楼拥有统一的门面，每一栋房屋都朝向对面的公园绿地。古典风格的圆柱以固定间距依次排开，给人一种秩序井然、优雅从容的感觉。得益于它宏伟的建筑风格，皇家新月楼受到了许多的青睐和爱护。

布鲁克林大桥

1883 年，美国纽约市的布鲁克林大桥落成通车。它打破了多项工程纪录，成为当时世界上最长的桥。作为首座使用钢索的悬索桥，其缆索的强韧程度前所未有，索塔的地基深度也远超其他桥梁。遗憾的是，许多人在建造布鲁克林大桥的过程中献出了生命，其中就包括大桥最初的设计师——约翰·罗布林。

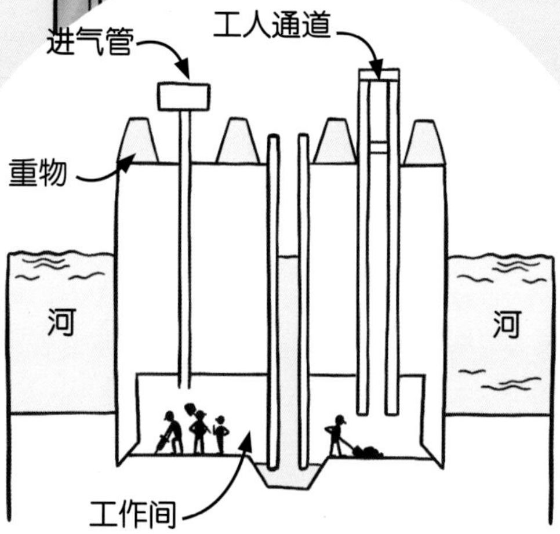

水下施工

为了让工人们能在河床上进行挖掘和建造，工程师们发明了“沉箱法”。他们将箱形工作间沉入河底，利用压缩空气排走其中的河水，让工人可以在沉箱中工作。由于沉箱中气压很高，如果工人浮上水面的速度过快，压力突然降低，就会导致一种叫“减压病”的痛症。由于当时的医生不了解这种病，许多患病的工人不治而亡。

工程世家

约翰·罗布林在其伟大的设计动工后不久，便在工地遭遇事故去世了，他的儿子华盛顿随即被任命为总工程师。但华盛顿很快就因为减压病而卧床不起，幸运的是，他的妻子艾米莉受过教育并且对工程学很感兴趣，于是接替了他的工作。19 世纪，女性指挥建筑施工是闻所未闻的事情，但艾米莉凭借出色的管理能力监督大桥建设 11 年之久，解决了设计上的各种问题。在开通仪式上，她是第一个通过大桥的人。

伊桑巴德·布鲁内尔（1806—1859）

伊桑巴德·布鲁内尔是法国工程师马克·布鲁内尔的儿子。后者发明了盾构机，并利用盾构技术主持修建了世界上第一条水底隧道——泰晤士河隧道。在这一重大项目中，伊桑巴德担任父亲的助手，继承了父亲的意志和技术。

伊桑巴德的职业生涯在英国迅速工业化的时期达到了顶峰，他负责的许多工程项目也成了那个时代的标志。位于布里斯托的克利夫顿悬索桥就由他设计，这座悬在埃文河上方 76 米高空处的桥梁于 1864 年落成，全长 214 米，成为当时跨径最大的桥。

伊桑巴德设计的“大不列颠”号由螺旋桨驱动，用钢铁建造而成，是第一艘横渡大西洋的蒸汽船。伊桑巴德还是大西部铁路的总工程师，以及伦敦帕丁顿车站的设计师。

莎拉·古比（1770—1852）

古比是首位申请桥梁设计专利的女性。她设计了一座能够跨越埃文河的悬索桥，尽管这一设计并未变成现实。相比后来克利夫顿悬索桥的选址，古比构想的桥梁位置更靠近埃文河的上游。古比清楚，只有悬索桥才能够稳稳地立在高高的泥岸上，跨越埃文河宽广的河面，并适应河流的水位变化。

碎片大厦

坐落于泰晤士河畔的碎片大厦共有 95 层楼和 36 部电梯，是伦敦的一座标志性天际线建筑，也是西欧最高的建筑，高达 309.6 米。大厦的三角形设计受到了伦敦教堂尖顶和帆船桅杆的启发。

关于大厦

这座摩天大楼用以下材料建成：

- **54000 立方米混凝土**
  足以填满 22 个奥运会游泳池；
- **11000 块玻璃板**
  足以铺满 8 个足球场；
- **12500 吨钢材**
  比 70 头蓝鲸还要重！

尖顶的钢材喷了特殊涂料，使它能免受风吹日晒的侵蚀。
核心由混凝土浇筑而成，坚固的混凝土让它能够抵御大风。
框架是由钢梁和钢柱组成的。钢材是一种轻质高强的材料。
表面用的是超白玻璃，能够反射周围环境的颜色，这样大厦便能随着季节更迭而改变外观。
地基一直延伸到地面以下 54 米。

罗玛 · 阿格拉瓦尔（1983—）

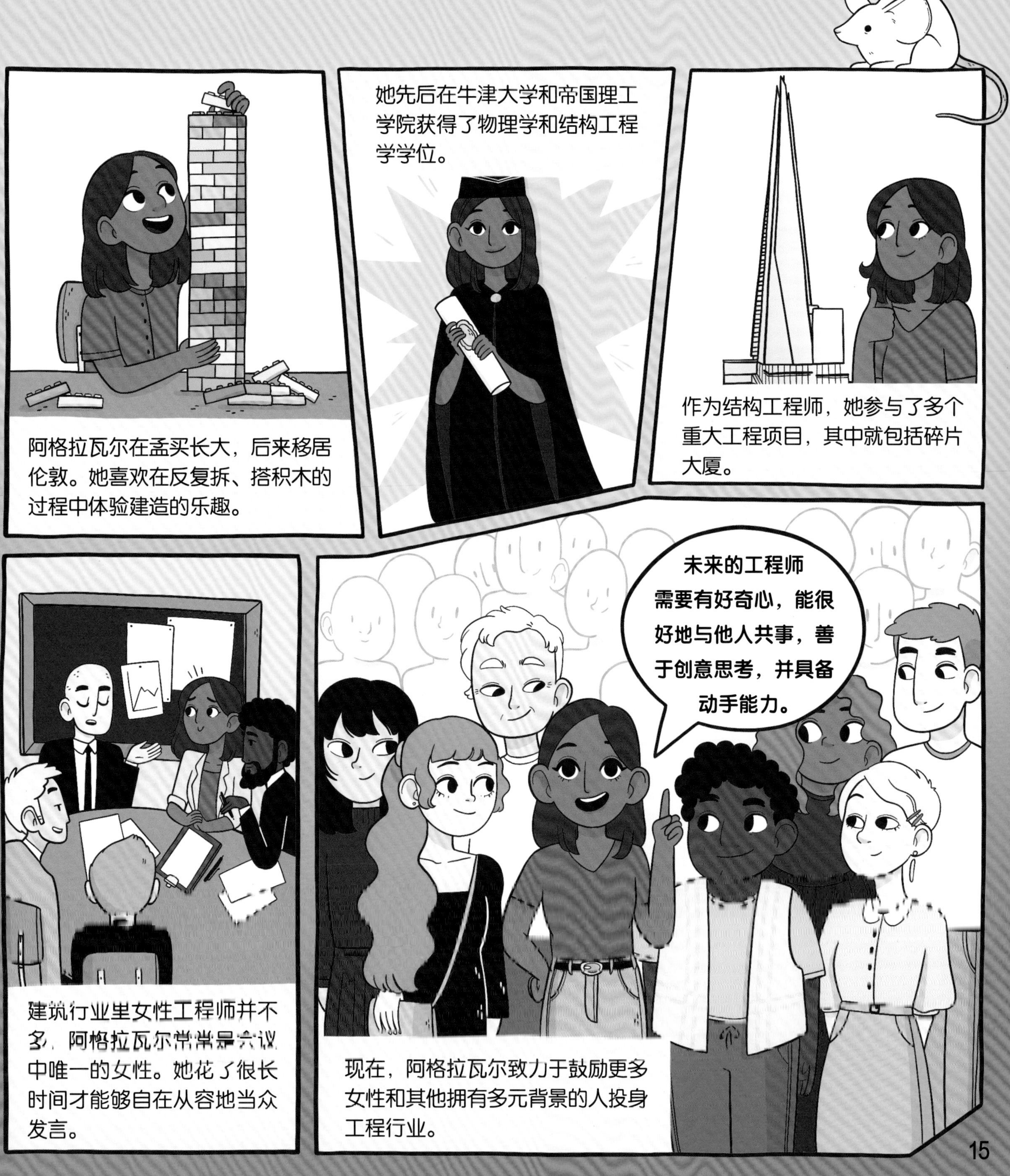

阿格拉瓦尔在孟买长大，后来移居伦敦。她喜欢在反复拆、搭积木的过程中体验建造的乐趣。
她先后在牛津大学和帝国理工学院获得了物理学和结构工程学学位。
作为结构工程师，她参与了多个重大工程项目，其中就包括碎片大厦。
建筑行业里女性工程师并不多，阿格拉瓦尔常常是会议中唯一的女性。她花了很长时间才能够自在从容地当众发言。
未来的工程师需要有好奇心，能很好地与他人共事，善于创意思考，并具备动手能力。
现在，阿格拉瓦尔致力于鼓励更多女性和其他拥有多元背景的人投身工程行业。

水工程

水对于人类的生存和生活至关重要：我们每天都要喝水，做饭、洗衣、洗漱也都要用到水。在那些没有自来水管道和排污管道、寄生虫滋生的地方，获得安全的饮用水可能要花费一个人大半天的时间，而这些时间本可以用来上学或工作。因此，我们每次打开水龙头的时候，都应该感谢那些将清洁的淡水输送到千家万户的工程师们。

水库

水库是一种人造湖，能将水储存起来，以备不时之需。水库中的水来自河流和地下含水层（大自然中储存地下水的土层，其中的水通常是雨水渗透进土壤形成的），其水质对野生动物来说足够干净，但不能供人类直接饮用。有些水库还承担了自然保护区的功能。

水力发电站

山区的一些水库往往与水力发电站建在一起。发电站通过控制从水库流出的水的速度和流量来实现发电。水沿着陡峭的管道向下俯冲，奔涌着流入发电站，推动涡轮机运转，从而产生电力。

雷伊汗·加玛洛娃（2002—）

雷伊汗在阿塞拜疆乡下的一个小村子长大，村里的电力供应不稳定。每当暴雨来袭，村子就会停电，人们的生活也随之按下暂停键。当时只有 14 岁的雷伊汗有了一个大胆的想法，那就是将暴雨带来的能量用于发电。她创立了 Rainergy（雨能）公司，致力于用雨水发电解决多雨欠发达地区的能源短缺问题。她发明的装置能够收集雨水，并将雨水高速流过发电机后产生的电力储存在蓄电池里，以备不时之需。

污水

当我们冲厕所或清空水槽时，污水就从家里流了出去。它们会去向哪里？翻到第 18~19 页看看吧！

自来水厂

自来水厂对来自水库和河流的水进行处理，使其达到安全饮用的标准。经过化学处理后，水中的杂质和颗粒物会凝集到一起，沉到水槽底部。顶部的清水随后被多次过滤，以去除其中的细微颗粒，例如砂粒。最后，加氯消毒后的水通过管道被输送到千家万户，供人们饮用。

下水道系统

一些工程项目又脏又臭，却至关重要。19 世纪，伦敦暴发了一系列致命的霍乱疫情后，当地市政府委托土木工程师修建了庞大的下水道系统，并使用至今。下水道的建设降低了疾病的发生概率，延长了伦敦人的寿命。那么，你知道在你按下马桶的冲水按钮后，究竟发生了什么吗？

1. 当你按下冲水按钮或转动手柄时，就打开了水箱的冲水阀，水就会流入马桶。清水从马桶边缘的小孔中流出，把马桶冲洗干净，同时把里面的排泄物带走。

2. 喷涌而出的水流将马桶里的排泄物从排水管中冲走。当水流沿着 S 形弯管向上流动时，虹吸现象将大部分水从马桶中抽走，同时在底部留下一些清水，阻止臭味从排水管返回厕所。

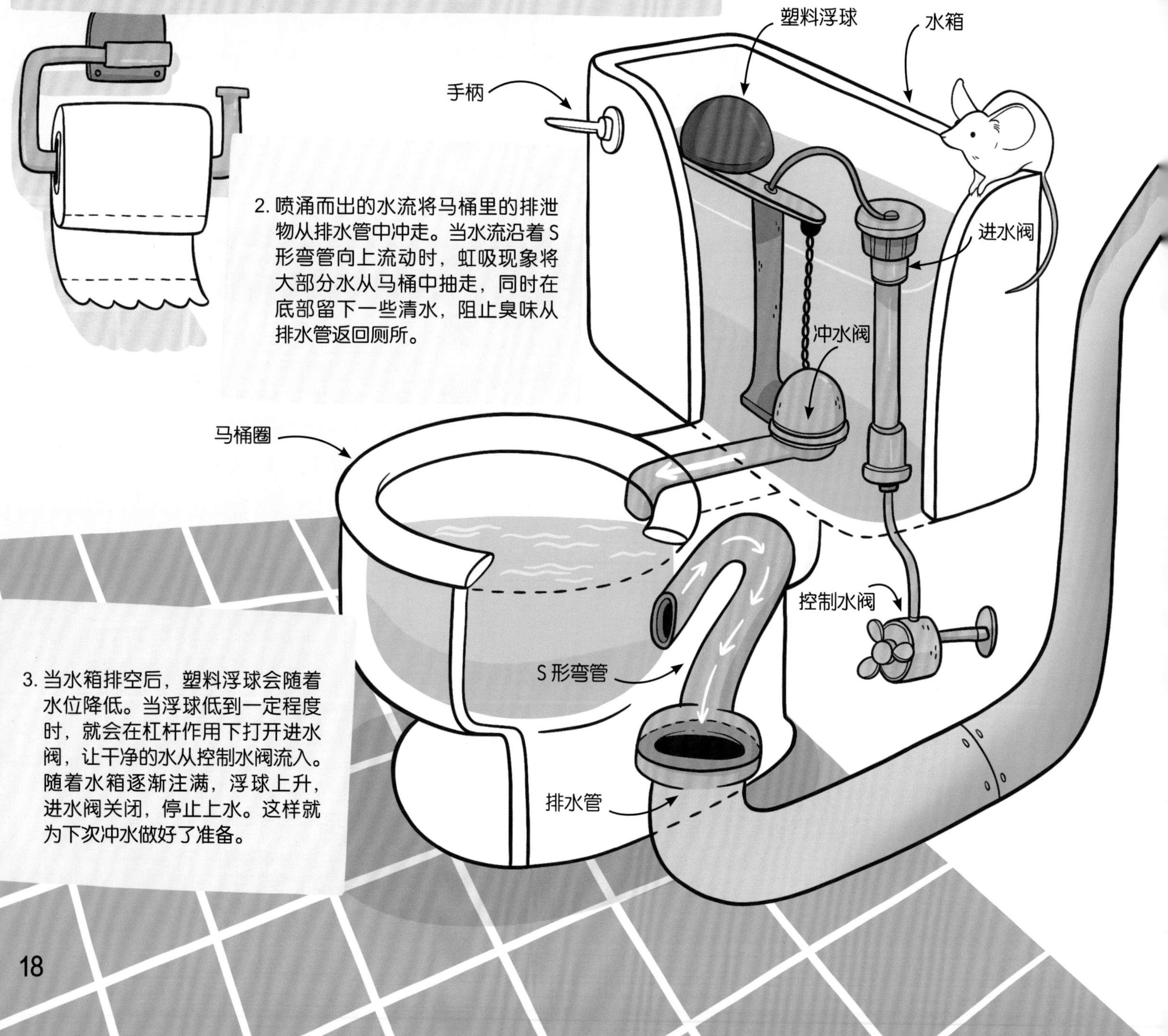

3. 当水箱排空后，塑料浮球会随着水位降低。当浮球低到一定程度时，就会在杠杆作用下打开进水阀，让干净的水从控制水阀流入。随着水箱逐渐注满，浮球上升，进水阀关闭，停止上水。这样就为下次冲水做好了准备。

废水处理

废水在排入海洋、河流和湖泊之前需要在污水处理厂进行清洁和消毒。

你知道吗？

污水处理过程中除去的污泥其实非常有用！有些污泥被用作农场肥料，有些被晒干制成“泥饼”，在电动机中燃烧后为污水处理厂提供电力。

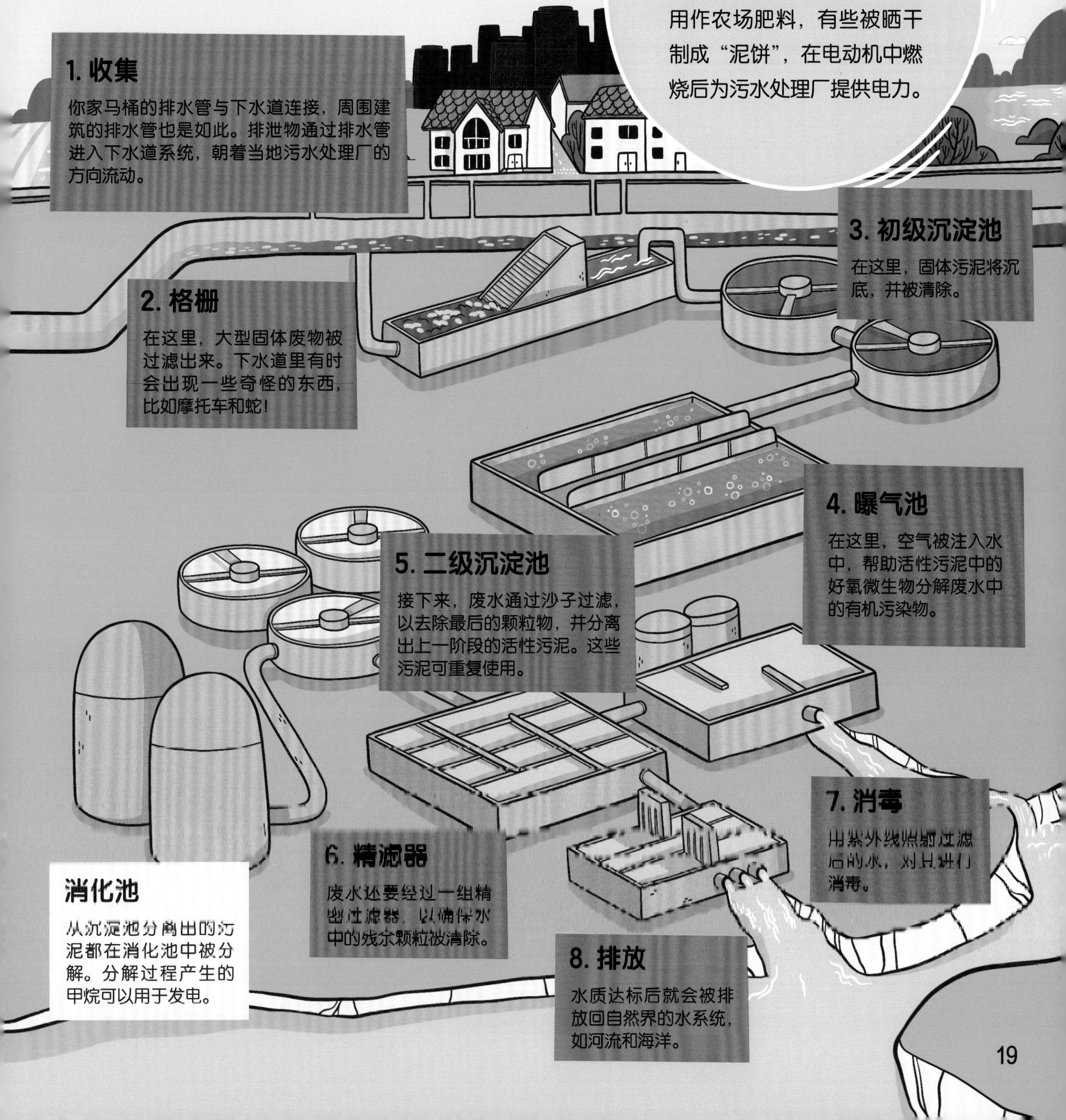

1. 收集

你家马桶的排水管与下水道连接，周围建筑的排水管也是如此。排泄物通过排水管进入下水道系统，朝着当地污水处理厂的方向流动。

2. 格栅

在这里，大型固体废物被过滤出来。下水道里有时会出现一些奇怪的东西，比如摩托车和蛇！

3. 初级沉淀池

在这里，固体污泥将沉底，并被清除。

4. 曝气池

在这里，空气被注入水中，帮助活性污泥中的好氧微生物分解废水中的有机污染物。

5. 二级沉淀池

接下来，废水通过沙子过滤，以去除最后的颗粒物，并分离出上一阶段的活性污泥。这些污泥可重复使用。

6. 精滤器

废水还要经过一组精密过滤器，以确保水中的残余颗粒被清除。

7. 消毒

用紫外线照射过滤后的水，对其进行消毒。

8. 排放

水质达标后就会被排放回自然界的水系统，如河流和海洋。

消化池

从沉淀池分离出的污泥都在消化池中被分解。分解过程产生的甲烷可以用于发电。

拉近距离的工程

工程不仅使旅行和探亲访友变得更加轻松舒适、方便快捷，还能帮助距离遥远的人们保持联络。我们越了解彼此、懂得彼此，就越能很好地合作共事。可以说，工程拉近了人们的距离。

英法海峡隧道

早在 19 世纪初，就有人提出了建设一条连接英国和欧洲大陆的海底隧道的设想，但直到 1988 年，这条隧道才正式开工建设。11 台隧道掘进机分别从英国和法国开工，最终在 1990 年成功于隧道中部会合。自 1994 年正式投入使用起，搭载乘客和货物的火车就能穿梭于隧道两端了。如今，从英国乘坐火车可以去往欧洲大陆的任何地方。

厄勒海峡大桥

这座大桥由桥梁、人工岛上公路和海底隧道三部分组成，是瑞典和欧洲大陆之间的首个陆上连接通道。它使北欧各国之间、北欧与欧洲其他国家之间的贸易、交流和联系变得更活跃。这座大桥还包括一条数据电缆，它使虚拟通信更加便捷可靠。此外，大桥海下的部分变成了人工珊瑚礁，为许多海洋生物提供了栖息之所。

通信卫星

世界上第一颗通信卫星于20世纪60年代发射。现在，我们的日常生活，无论是远距离通话、互联网通信、电视直播，还是天气预报、GPS导航，都离不开卫星。通信卫星接收到从地球上某一点发出的信号后，随即将其发送到地球上的另一点，信号传输速度比陆地上的通信设施要快得多。

西伯利亚大铁路

建造西伯利亚大铁路的目的是鼓励俄罗斯人东迁至西伯利亚定居，并促进俄罗斯与东亚地区贸易的发展。从1891年起，大量工人参与其中，他们在茂密的森林、起伏的山脉和泥泞的沼泽里施工，直到1904年干线通车。由于地理环境特殊，这条铁路如今依然需要大量的维护工作，否则当永久性冻土融化时，地面会产生位移，导致铁轨错位。

交通工具

土木工程师参与建设的公路、桥梁、隧道和铁路将不同的地方连接起来，机械工程师则参与了交通工具的设计、制造和维护。为了帮助我们更快、更轻松地探索这个广阔的世界，工程师们永远在寻找更好的出行方式。

蒸汽机车

蒸汽机车的发明是为了代替马匹运输煤炭和矿渣等较重的货物。起初，乘客们对快速出行的安全性还存有疑虑。但短短几年时间，铁路就改变了维多利亚时代数百万英国人的生活。

蒸汽机车内部

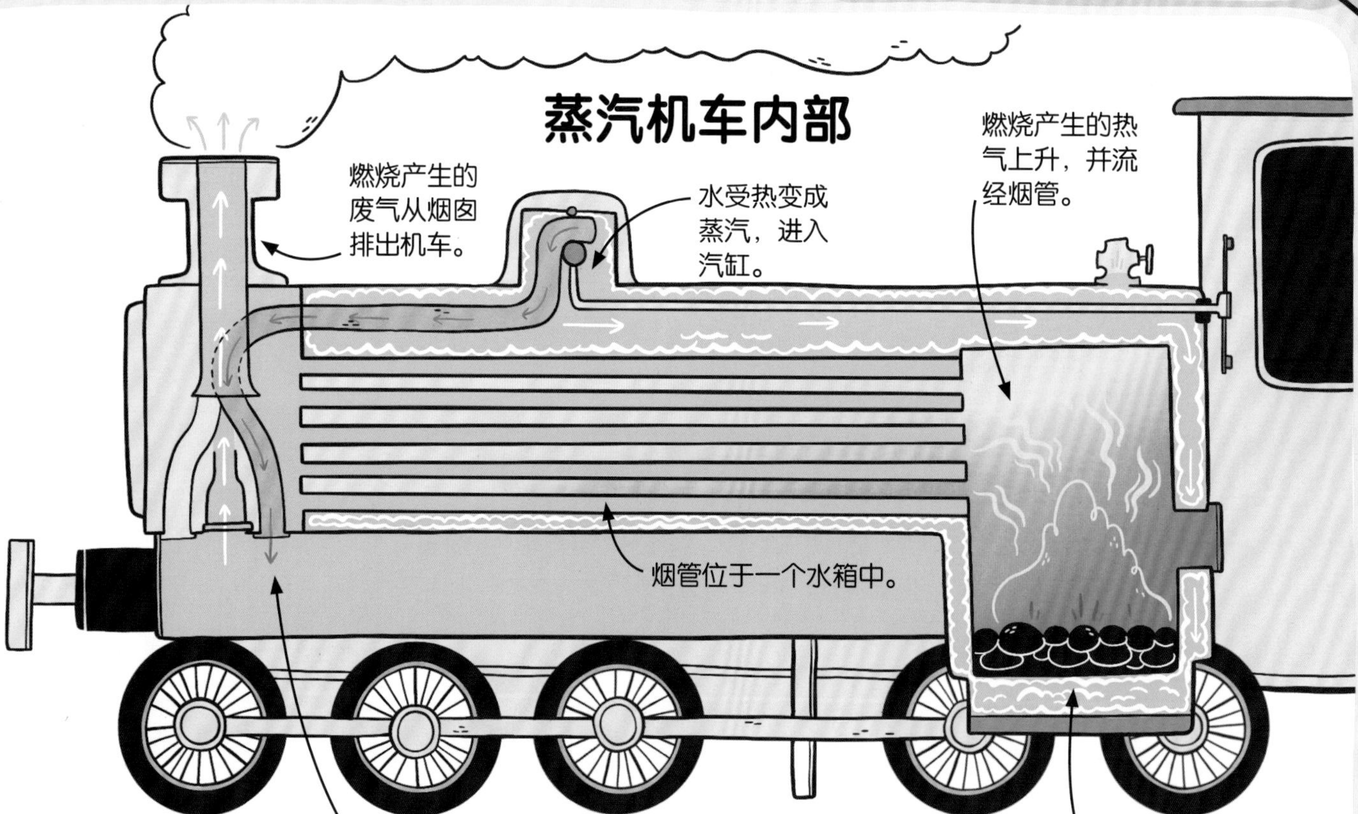

燃烧产生的废气从烟囱排出机车。
水受热变成蒸汽，进入汽缸。
燃烧产生的热气上升，并流经烟管。
烟管位于一个水箱中。
蒸汽通过管道后推动活塞，带动机车的轮子旋转。
煤炭在炉膛中燃烧。

自行车的工作原理

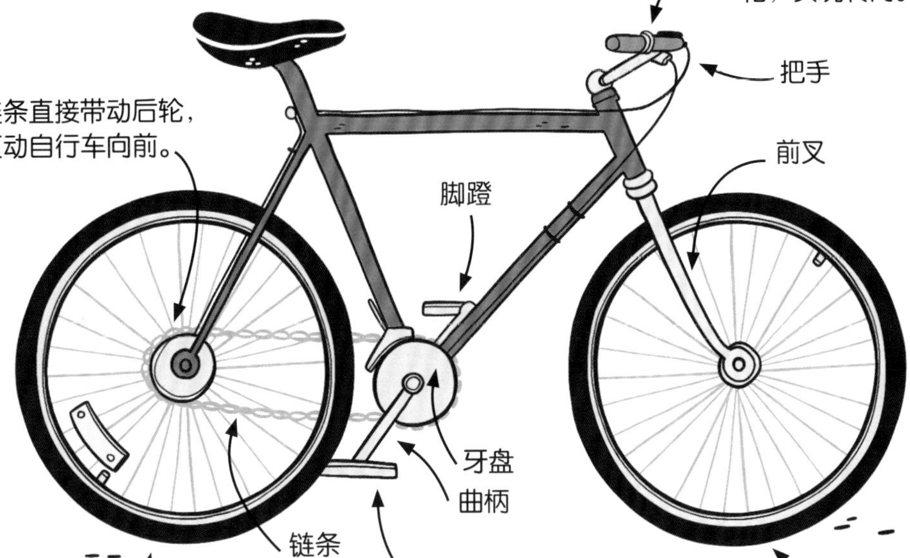
把手能够控制前轮，实现转向。
把手
链条直接带动后轮，驱动自行车向前。
前叉
脚蹬
牙盘
曲柄
链条
后轮
踩动脚蹬，从而带动链条。
前轮

自行车

第一辆现代自行车诞生于 1888 年。此后，工程师们对自行车的设计进行了多次改良。不同尺寸和厚度的轮胎适用于不同的速度和路面。变换不同的挡位可以让上坡更加轻松，或在平地上提速。

进入 21 世纪后，自行车的设计经历了两次重大改进：折叠自行车便于携带，使旅程更随心所欲；电动自行车则能帮助人们更轻松地骑行更远的距离。

汽车

卡尔·本茨于 1886 年制造出了世界上第一辆内燃机汽车，用汽油燃烧产生的能量推动活塞来驱动汽车。现在大部分汽车仍在使用这样的驱动方式，其缺点是汽油不可再生且会造成污染。

相比之下，电动汽车是一种更为环保的交通工具。它们的充电电池内储存有化学能，能够驱动车辆的电机。

对燃油汽车而言，增加踩油门的力度，就会有更多燃料抵达发动机，从而产生更大的动力，使汽车加速。而在电动汽车里，踩下油门踏板能够增加从电池输送到电机的电流，从而使汽车提速。

电动汽车的工作原理

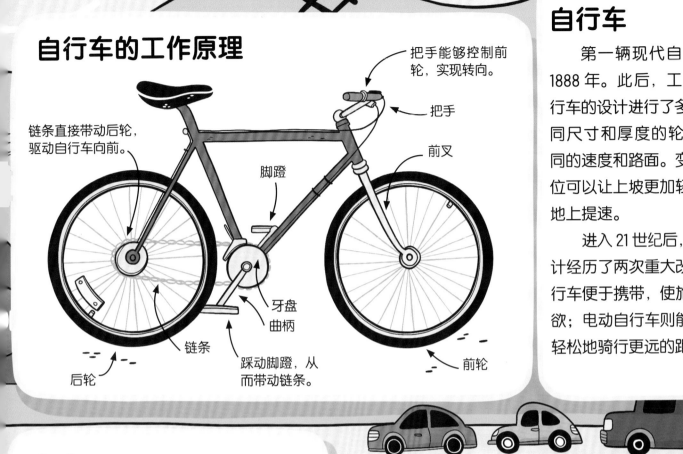

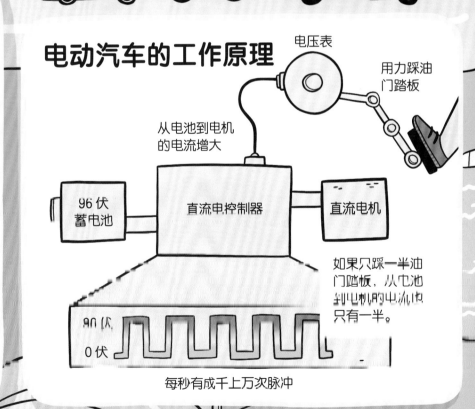

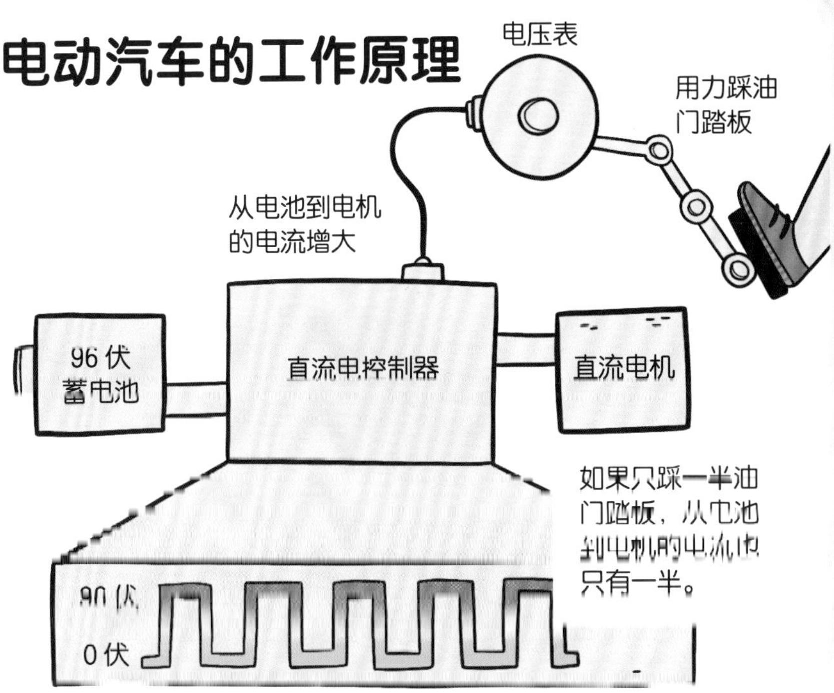
电压表
用力踩油门踏板
从电池到电机的电流增大
96 伏
蓄电池
直流电控制器
直流电机
如果只踩一半油门踏板，从电池到电机的电流也只有一半。
90 伏
0 伏
每秒有成千上万次脉冲

轮椅

轮椅是机械工程学的杰作。早在古希腊和古中国，轮椅就已经被发明出来为特殊人群的出行提供便利了。几百年来，这项发明不断改进，让更多行走不便的人能够参与到所在社区的社会、经济和文化生活中。

时间线

第一辆轮椅的发明时间难以确定，但我们知道患有痛风的西班牙国王腓力二世（1527—1598）曾使用过轮椅。随后，轮椅技术又经历了几次改进。

1655 年，德国制表师史蒂芬·法福勒发明了第一辆可以独立推进的轮椅。法福勒小的时候摔断了脊柱，因此无法使用双腿行走。作为一名制表师，他拥有的技术足以让他把创意变成现实。法福勒发明的轮椅拥有把手、曲柄和驱动前轮的齿轮。

1783 年，英国巴斯的约翰·道森设计了巴斯椅。这种轮椅由使用者控制方向，但需要别人来推动。维多利亚女王晚年时也使用过巴斯椅。

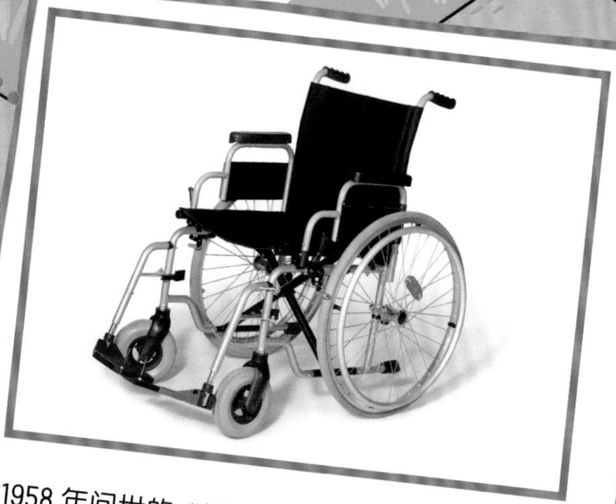

1958 年问世的“模型 8”既可以由别人抓着把手推动，也可以由使用者自己转动轮子前进。这种轮椅在不需要的时候可以折叠起来，目前仍被广泛用于许多医院和护理中心。

20 世纪 90 年代，运动轮椅问世，其使用者能够坐着轮椅参加各种竞技和休闲体育运动。

大卫·阿吉拉尔（1999—）

大卫·阿吉拉尔出生于安道尔，从小就喜欢玩乐高积木。阿吉拉尔天生右臂发育不良，虽然这没给他的生活造成太大困扰，但周围人的议论让他觉得很不舒服。
9 岁时，阿吉拉尔用乐高积木给自己打造了第一条假肢。虽然不是很坚固，但至少他用积木造出了自己想要的东西！
他利用乐高机械组改进自己的设计，用 5 天时间制作出了新版假肢——“MK 一代”。他甚至能用新假肢做俯卧撑，简直太酷了！
阿吉拉尔继续对他的设计进行升级改造。“MK 二代”采用了蓄电池和钓鱼线的组合，能像肱二头肌那样工作。现在，阿吉拉尔的右手想伸多远就能伸多远。
当阿吉拉尔第一次戴着他自制的假肢上学时，同学们都盯着他的机械手臂看。现在，别人的议论再也不困扰他了。

国家电网

国家电网将一个国家所有的发电站和变电站用电缆连接起来，将生产出的电配送到全国各地，即便是距离发电站很远的人们也能够获得供电。电缆将高压电从发电站输送到变电站，变电站把电压降低后，将电能安全地输送到周边的居民楼和其他建筑里。当你给电器充电或者打开电灯时，你所使用的电就来自当地的电网系统。

你知道吗？

第一个国家电网系统于 20 世纪 30 年代诞生于英国。

发电站

大多数国家的发电站都会采用多种能源为电网供电。

天然气

天然气燃烧产生的热能驱动发电机，提供了全球约四分之一的电能。天然气是一种化石燃料，其形成经历了上亿年时间，若不加节制地开采，终有一天会枯竭。

煤炭

在 19 世纪 80 年代，煤炭首次用于发电。它与天然气相似，也是通过燃烧发电。煤炭虽然便宜，却会产生大量温室气体，所以许多国家正在用更清洁的能源替代煤炭。

核能

核电站也是将热能转换为电能，只不过其热能来自铀原子的核裂变。核能发电比煤电的效率更高，并且不会产生任何温室气体。然而，核废料具有放射性，很危险，也很难处理。

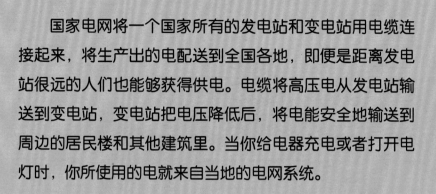

风力

风力发电机通常建在开阔多风的地方。当风推着发电机的叶片转动时，就能产生电能。风越大，风力发电机产生的电能就越多。没有风，它们就无法发电。

生物质

燃烧生物质——如木屑颗粒或农场废弃物等动植物燃料，用其产生的热能驱动发电机，也能产生电能。生物质是可再生的，但其燃烧过程也会排放温室气体。

水力

水电站利用高处流下的水来推动水轮机，进而带动发电机发电。

太阳能

太阳能电池将太阳辐射的能量转化为电能，并储存在电池里，供后续使用。在一年到头都是晴天的国家，太阳能电池格外有用。阳光越强烈，太阳能电池产生的电能就越多。

未来的零碳电力

为了应对气候变化，我们需要减少温室气体的排放。这意味着我们要逐渐用太阳能、风力和水力发电取代煤炭和天然气发电。与此同时，工程师们正在研发各种能帮助人们实现家庭自发电的新技术。未来，如果普通人也能够使用更环保的发电方式给住宅和设备供电，那么我们对国家电网的依赖程度就会降低。

太阳能窗户

这些窗户中含有微型太阳能电池。只要有光透过，这些电池就能产生少量电能。当然，即使安装了太阳能电池，这些窗户也依然是透明的。

微风发电

这些迷你风力发电机可以安装在房顶或窗台上。它们能够捕捉到最轻微的风，将微风的动能转化为少量电能。

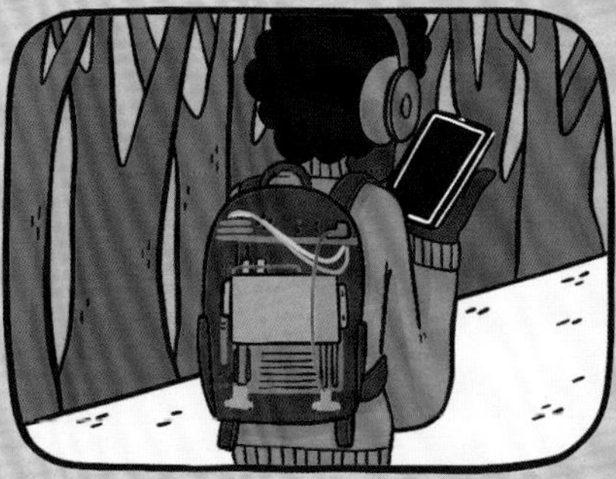

背包充电器

这个背包能够捕捉其使用者在行走过程中产生的动能。使用者每走一步，背包中的装置就能够产生一次电脉冲，完全可以满足小型电器（如手机或 LED 灯）的充电需求。

空气源或地源热泵

这个位于室外的装置利用空气中或地下的热能加热某种液体，这种液体在流经房屋内的管道时能够让室内升温或降温，其工作原理类似于冰箱。

防灾减灾工程

好的工程设计既要考虑人的因素，也要考虑自然因素。大自然有时会用令人震撼的方式展现它的强大威力，地震、风暴、洪水等都能轻易破坏甚至摧毁人类的建筑物。面对这种情况，工程师们一直在探索能提高建筑防灾抗灾能力、确保建筑安全的方法。

作为东京最高的建筑，晴空塔参考了五重塔（日本最古老的木塔）的构造，抗震能力较强。
东京晴空塔
日式木塔

抗震

当地震来袭，人们在逃生时最怕被倒塌的建筑物困住或砸伤。几百年来，日本人都在想办法规避这种危险：传统建筑的木结构框架比砖石墙轻得多，能将倒塌时的危险性降到最低，而且很容易重建。而采用钢铁框架的现代建筑沿用了传统日式中的“中央柱”设计，在此基础上增加了隔震橡胶支座，因此可以有效吸收地震的能量，在地震中屹立不倒。

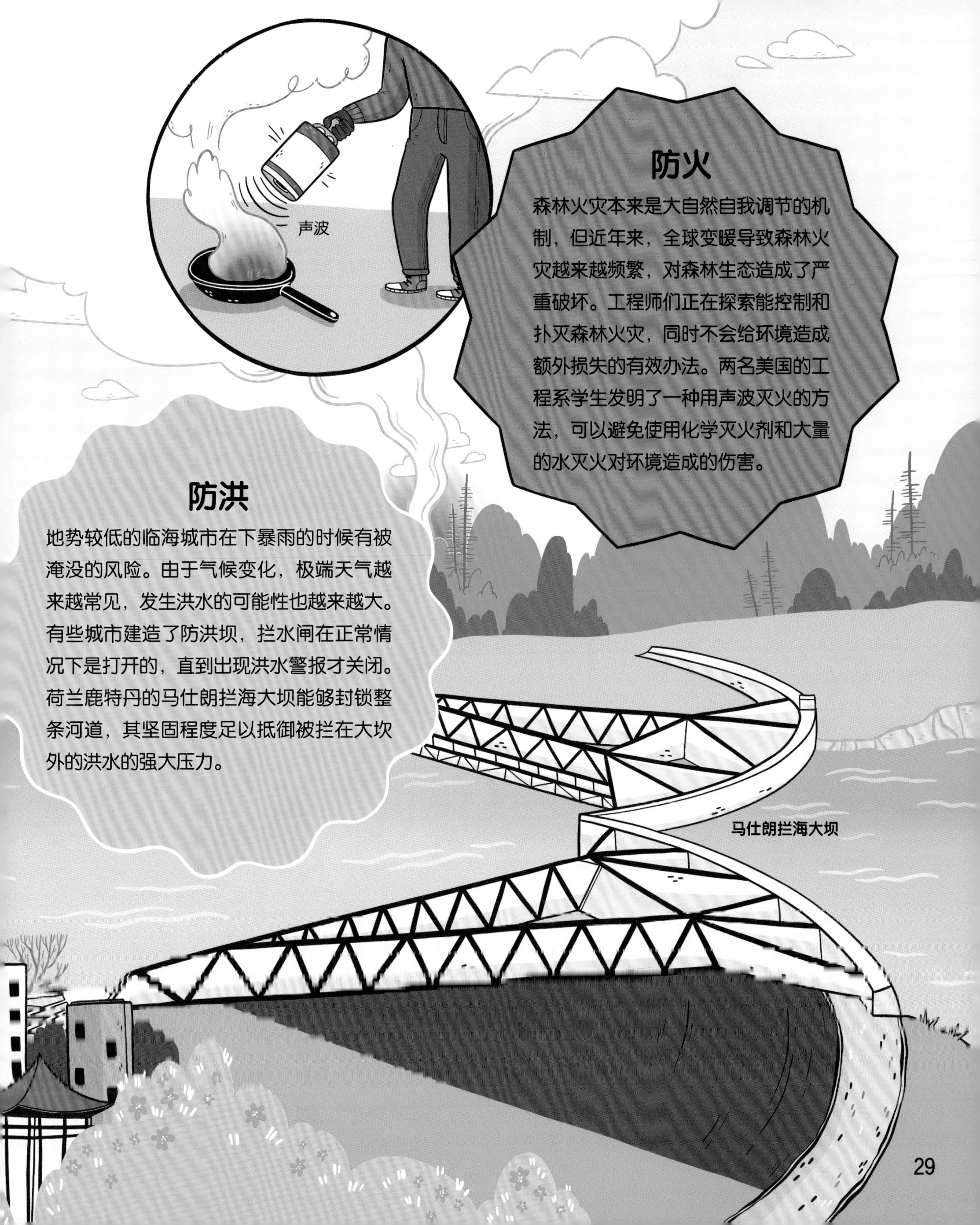

防火

森林火灾本来是大自然自我调节的机制，但近年来，全球变暖导致森林火灾越来越频繁，对森林生态造成了严重破坏。工程师们正在探索能控制和扑灭森林火灾，同时不会给环境造成额外损失的有效办法。两名美国的工程系学生发明了一种用声波灭火的方法，可以避免使用化学灭火剂和大量的水灭火对环境造成的伤害。

防洪

地势较低的临海城市在下暴雨的时候有被淹没的风险。由于气候变化，极端天气越来越常见，发生洪水的可能性也越来越大。有些城市建造了防洪坝，拦水闸在正常情况下是打开的，直到出现洪水警报才关闭。荷兰鹿特丹的马仕朗拦海大坝能够封锁整条河道，其坚固程度足以抵御被拦在大坎外的洪水的强大压力。

环保工程

近现代人类的生活方式对环境造成了前所未有的负面影响。我们乱砍滥伐、过度放牧、滥施农药，导致生态平衡被破坏。我们的汽车、工厂和住宅排出的废气不仅造成了空气污染，还加剧了气候变暖。可以说，导致这些问题的是工程学，能帮我们修复环境和解决气候危机的也是工程学。

碳捕集

防止空气中二氧化碳水平过高的方法之一是将它从空气中移除。冰岛和瑞士等国家发明了一种能够从空气中分离、收集二氧化碳的大型机器，最后这些二氧化碳会被封存在地下，转化为岩石。在其他国家，一些发电站能够在排放烟气前就将二氧化碳收集起来集中处理掉。

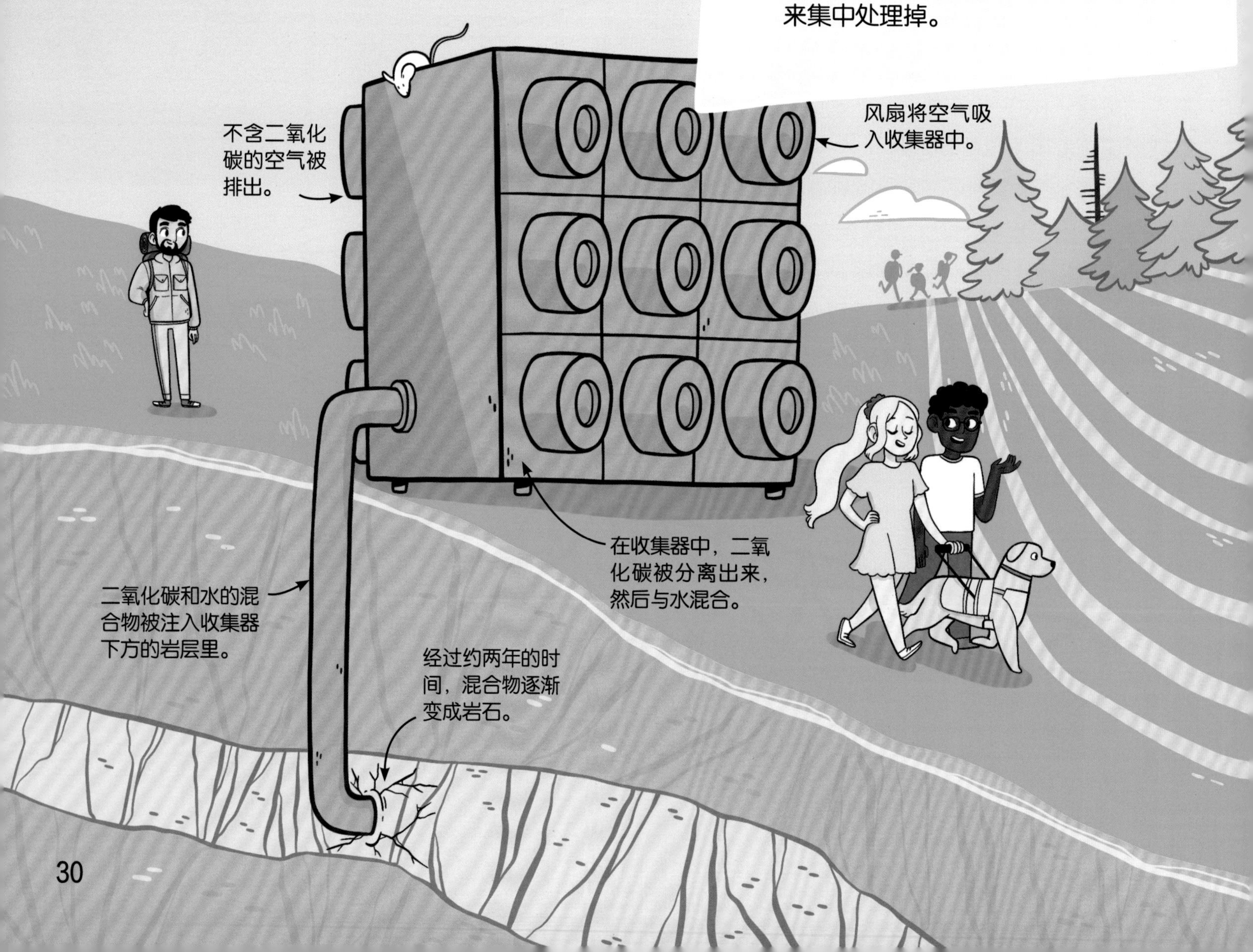

不含二氧化碳的空气被排出。
风扇将空气吸入收集器中。
在收集器中，二氧化碳被分离出来，然后与水混合。
二氧化碳和水的混合物被注入收集器下方的岩层里。
经过约两年的时间，混合物逐渐变成岩石。

自动植树机器人

树木能够吸收二氧化碳并释放氧气，因此植树能够对抗气候变化。工程师们发明了两种自动植树机器人，第一种机器人能够一次装载 300 棵树苗，在 6 小时内种植 1000~3500 棵树；第二种机器人是灌木清除机，它能精准地剪除树苗周围的其他植被，好让树苗茁壮成长。工程师们希望未来的植树机器人能够在没有人力监督的情况下，自主做出栽植决策。

碳捕集大赛

XPRIZE 基金会的碳捕集大赛鼓励各国科学家将二氧化碳转化为有用的产品，以下就是一些例子。

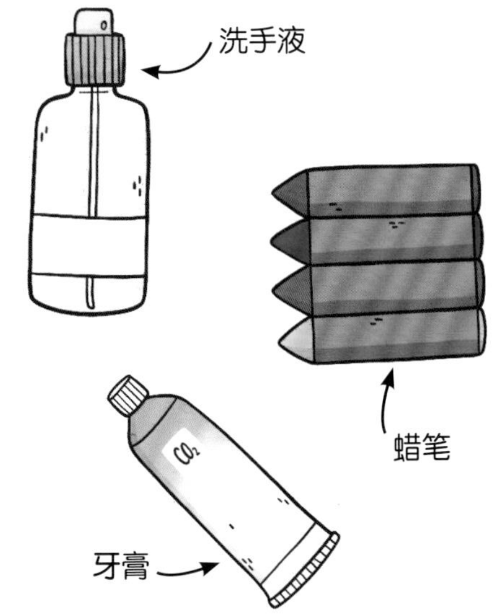

护岸工程

随着海平面不断上升，世界上越来越多的国家和地区开始寻找保护海岸线的方法。**硬工程**利用海堤等人造建筑物保护陆地，这些堤坝能防止巨大的海浪侵蚀沙滩、岩石和植物，但是其建造和维护耗资巨大，还有可能破坏自然生态系统。相比之下，**软工程**以顺应自然的方式保护陆地。通过在沙滩和海岸周围种植植物，不仅能够削减海浪的力量、固化土壤，而且造价更低。

海堤的工作原理

接近海堤的海浪遇到岩石减速。
海浪撞上海堤的曲面后被反弹回去。
地下的桩基能够支撑海堤。

上天入海的工程

纵观古今，在人类探索世界的过程中，工程学一直发挥着重要作用。正是得益于新工具和新机械，我们才能从已知的安全地区迈向未经探索的、可能存在危险的地区。随着我们发现和涉足的地区越来越多，邂逅的人越来越多，我们对世界的认识也越发深刻。

指南针

两千多年前，古代中国人发现天然磁石能够指示南北，并发明了世界上最早的指南仪器——司南。之后指南仪器的样式不断演变，直到北宋才变成针状得到普及。至于指南针为什么能够指示南北，这一问题直到几个世纪后才有了答案：地球本身就是一个巨大的磁体。

深海探索

时至今日，我们也只探索了全球约 5% 的海洋！深海又冷又黑，压强大得可怕。此外，海水会腐蚀仪器设备和导电，而且人们在水下无法自由呼吸，所以为了探索深海，我们必须设计出能解决这些问题的装备。

深海潜水球

美国工程师奥蒂斯·巴顿设计了这个球形潜水装置，以便博物学家威廉·毕比能够探索深海并观察其中的海洋生物。在 1930—1934 年间，这一装置多次带领人类深潜，其中一次抵达了海平面以下 923 米的区域，打破了当时的潜水纪录。

牵引潜水器沉入海里的缆索
三扇厚厚的窗户用熔融的石英石制成。这是当时最坚固的透明材料。
球形设计是为了抵御深海的巨大压力。

无人遥控潜水器（ROV）

ROV 是一种水下机器人，通过线缆与船舶连接。机器人配备了摄像头、灯和机械臂，船上的操作人员可以远程下达命令，指挥它移动、采集样本，分析它传回的信息。

太空探索

太空近乎真空，这意味着那里没有气压。我们如果穿着普通衣服进入太空，很快就会失去知觉并死亡，原因是我们的身体需要一定的外部压力才能正常运作。因此，航天器和宇航服需要经过人工加压。太空中也几乎没有重力，这就意味着工程师们在设计航天器时需要考虑很多细小但重要的实际问题，以确保宇航员能够在其中顺利开展日常工作。

“国际”空间站
太空飞船外部的把手和脚蹬能帮助宇航员在太空中漫步时稳固自己。
饮用水被装在带吸管的真空包装里。要是倒进杯子里的话，水会四处漂浮而不是待在杯子里。
宇航员必须每天跑步或进行力量训练，否则，他们的骨骼和肌肉会因为失重而退化。

自主水下航行器（AUV）

AUV 不用与船有线连接，在它下水之前，操作人员就已经设定好了它的工作程序。也就是说，AUV 可以常驻水下，独立完成测绘工作。

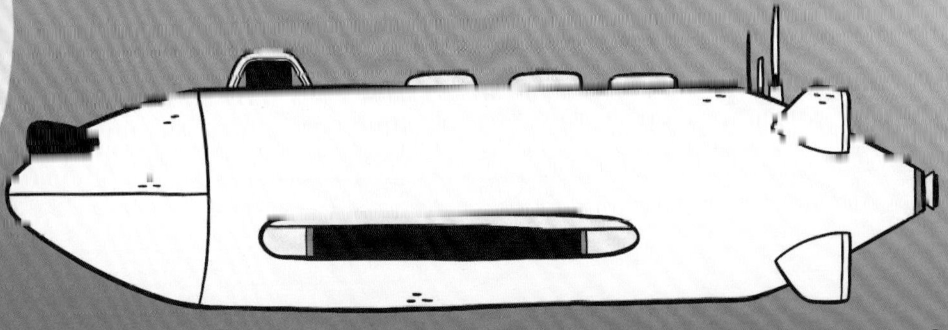

面向未来的工程

世界在不断变化。我们虽然无法确定未来几十年世界会变成什么样，但不难想象：极端天气将成为常态，夏天会更炎热，暴雨也会更频繁。因此，未来的城市和乡镇需要更智慧的土木工程，来帮助我们适应新的气候及其挑战。工程师们为应对气候变化做出了诸多努力，其中一些已经成为现实，还有一些即将成为现实。

工程师们正在努力开发比燃油汽车更环保的交通工具。目前电动汽车已经普及开来，且充满电后能行驶的距离也越来越远。

在高速公路上安装架空充电线路，电动卡车就可以通过连接电缆进行充电，从而保证在长途行驶过程中电量充足。

骑自行车和步行对人类和环境而言，都是健康的出行方式。绿色城市会给行人和骑行者预留更多空间，使他们能够安全出行。但是，并非人人都能步行或骑车，所以工程师们在设计时要考虑到更多人群的需求，其中包括残疾人和老年人。

随着气候变暖，我们比以前更需要保持室内的凉爽，但前提是不耗费大量的电力。工程师们设计的智能百叶窗能够根据感知到的光照和温度自动关闭，防止室温升得过高。此外，大遮阳篷也能够为住宅和办公楼提供荫凉。

鹿特丹

荷兰的鹿特丹是一座依水而居的城市。作为三条大河流入北海的入海口，鹿特丹地势平坦而低洼。为了保护自己免受大海的侵害，鹿特丹在 12 世纪建造了第一座大坝。现在，这座城市在谋求“与水共生”的工程领域处于世界领先地位。

鹿特丹的一座屋顶花园

漂浮农场里的动植物都安全地生活在浮船上，浮船则通过一座浮桥与陆地相连。整座农场可以随河水水位起落，既能给城市提供食物，又不需要占用珍贵的耕地资源。

市中心的下沉式公园和篮球场能在大雨来临时充当洪水缓冲区，将多余的积水留住直到自然排干，从而保障其他区域免受洪水侵害。雨水排水沟能在下雨时将雨水引入公园，又能在不下雨的时候变成滑板爱好者的坡道。

在住宅和办公楼的屋顶种植能吸收二氧化碳的植物，可以达到净化空气、降低城市温度的效果。屋顶花园还能吸纳大量雨水，有助于防治洪涝灾害。要是在这些花园里种植蔬菜水果，那么我们连新鲜食材都能自给自足了。

有趣的工程

工程学知识并不总是用在非常严肃的事情上，工程师们也喜欢制造快乐。土木工程师和机械工程师既可以利用普通的设施带给人们新奇刺激的体验，也可以利用他们的物理学知识设计出专门用于娱乐大众的游乐设施。

玻璃桥

自 2015 年起，中国陆续建造了 60 多座玻璃桥。人们踩在上面从峡谷的一边走到另一边时，就仿佛是在空中漫步。脚下的景色是美丽还是恐怖取决于你是否有恐高症！擎天玻璃桥位于广东省，是世界上最长的玻璃桥。它高 201 米，长 526.14 米，一次可容纳 500 人通行。

过山车

工程师们利用物理学原理设计出了好玩的过山车。过山车上下翻转看似惊险复杂，但实际上原理很简单。它只有在爬第一座“山”时需要动力，剩下的旅程完全靠动能与重力势能互相转化完成。当过山车爬到第一个坡道的顶端后，重力就会把它拉下来，此时重力势能转换为动能，驱动过山车爬上下一个坡道，如此循环往复。

电动平衡车

电动平衡车可以让使用者在保持平衡的同时快速前进。它由围绕中心旋转的两块板构成，每块板对应一个轮子。每个轮子内部都有一个独立的电机，以及检测斜度和速度的传感器。当使用者的脚呈水平状态时，轮子就会保持静止，一旦使用者向前倾斜，斜度传感器就会驱动轮子转动。因为两个轮子互不干扰，所以平衡车可以原地旋转。

3D打印技术

虽然每个人都可以像工程师一样思考，但在自己家里建造工程项目不太现实。如今，3D 打印机让这一切成为可能。其工作原理有点像喷墨打印机，只不过它不使用墨水，而是将塑料、金属等打印材料一层一层地叠加，建成三维模型。3D 打印技术让我们能以更快、更简单、更环保的方式落实工程项目。

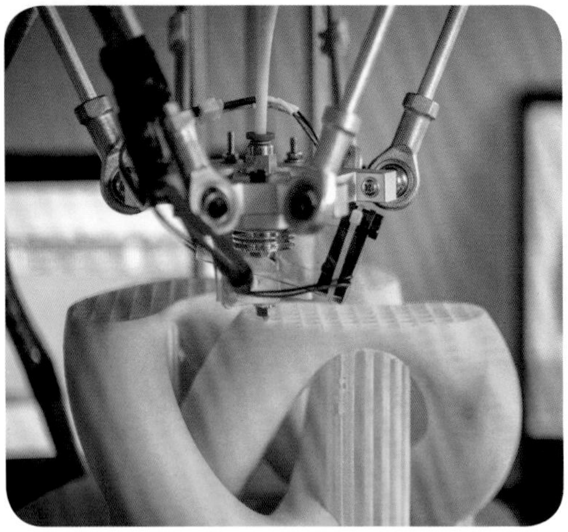

3D 打印机工作原理

首先，你需要在计算机上设计一个三维模型。该模型应当包含 3D 打印机构建（或打印）物体所需的全部信息。

打印机内部有一个存放金属粉末或塑料微粒的储存器，打印机先熔化储存器中的材料，再移动喷嘴，在非常精确的位置“打印”或者说挤压出熔化的材料。它每打印一层，都要等这层干了再打印下一层，层与层之间通过胶水或者紫外线的照射黏合在一起。

食物

除了金属和塑料，3D 打印机的打印材料还可以是任何易熔化并能在室温下保持固态的物体——包括食物！我们已经用 3D 打印机成功打印出了土豆泥和熔化的巧克力等膏状食物。未来，每个家庭都可以配置一台 3D 打印机，用它来“烹制”佳肴。我们甚至可以打印种子、蘑菇，以及它们生长所需的养料，等它们长成后就能做一顿丰盛的晚餐了！

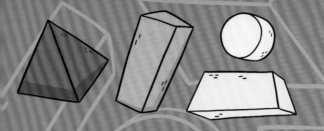

安置房

发生自然灾害之后，受灾群众需要得到安置，而大型 3D 打印机可以使用泥浆和黏土打印安置房。3D 打印技术还可以用于大型集会的临时场馆，因为这些场馆是用泥土打印出的，所以它们可以轻松地回归土壤，不留任何痕迹。

桥梁

荷兰阿姆斯特丹有很多运河，所以有很多桥梁，其中就包括世界上第一座 3D 打印钢桥。在此之前，世界上已经出现了以混凝土为原料的 3D 打印桥梁。3D 打印桥梁的好处是速度快，使用的材料更少。阿姆斯特丹的这座桥是在别处打印好之后被搬到运河上的，未来的 3D 打印机有望实现直接在现场打印，从而降低运输成本。

假肢

在医学领域，个性化定制的 3D 打印假肢已成为现实。传统的假肢定制需要制作模具，因此工序烦琐、耗材多、成本高。相比之下，3D 打印假肢成本更低，效率更高。对于成长快、需要定期更换假肢的儿童来说，3D 打印假肢比传统假肢的性价比更高。

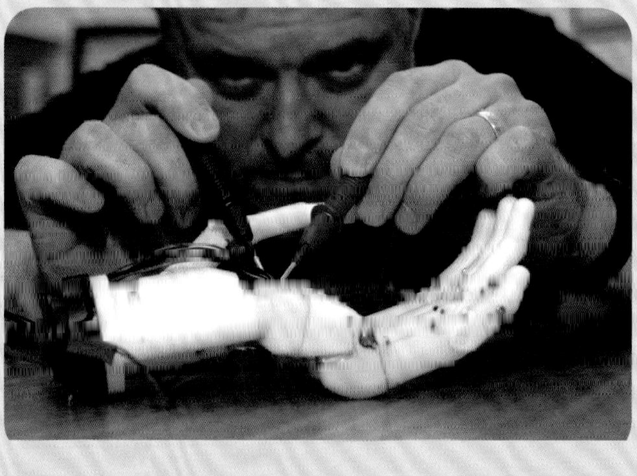

意面建筑

这个创意游戏能帮助你了解力和结构，真正做到像土木工程师一样思考。

你需要用到：

- 一包未煮过的意大利面
- 一包棉花糖，大小不限

动动手吧！

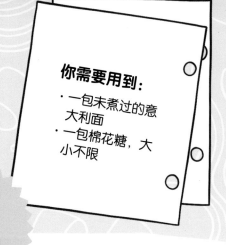

实验步骤：

1. 未煮过的意大利面质地坚硬，能充当建筑物的梁和柱；棉花糖可以充当将梁和柱固定在一起的水泥。
2. 你要决定搭建一个什么样的建筑物？一座塔、一座桥，还是一栋简单的房屋？或许，你可以使用这本书中的任意一张图作为灵感源。
3. 你的建筑物可以建多高呢？如果建筑物发生弯曲或断裂，你要怎么补救？
4. 想要建筑物稳固，你或许可以将几根意面聚成一束，或缩短意面的长度。

继续探索

和你的朋友比拼一下：定时 5 分钟，看看谁能造出最高的塔或最长的桥吧！

原型

所谓原型，就是工程师在正式建造实物之前，用简单的材料制成的模型。接下来，我们将尝试用卡片、箔纸和其他材料制作一个小的家具模型。

动动手吧！

你需要用到：

- 卡片、铝箔、盒子和纸箱等回收物品
- 黏土
- 剪刀
- 胶带
- 胶水
- 棒棒糖的棍子

实验步骤：

1. 对材料进行切割、塑形、粘贴，最终组合成一把椅子。
2. 根据椅子的大小，你可以自己坐上去或放上玩具来测试它是否牢固，并对损坏了的或看上去比较脆弱的部位进行修缮加固。想一想，你可以如何改进你的原型呢？

继续探索

你可以和朋友一起完成这个实验。两人在纸条上写下各自想制作的原型，以及需要解决的问题，将纸条折叠起来放入碗中，然后轮流抓阄，一起制作纸条上的原型。你们也可以各做各的，最后比比谁做得更好。

薯片发射筒

准备好成为一名机械工程师了吗？这个模拟爆破实验将为我们展示不同材料是如何结合并相互作用的。

警告

务必在成人监督下完成！

动动手吧！

你需要用到：

- 一个大的空薯片筒
- 一个容积为 500 毫升的、可轻松放入薯片筒内的空塑料瓶
- 剪刀
- 两根相同尺寸的橡皮筋
- 胶带
- 一支比薯片筒的直径还长的铅笔
- 若干用于投掷的小球或小玩具，或由揉皱的铝箔制成的球

实验步骤：

1. 将薯片筒的底部剪掉。用剪刀时务必注意安全，可以请求成人协助。
2. 在薯片筒的一端，从顶部向下剪两条约 3 厘米深的缝，两缝相距约 1 厘米。
3. 在薯片筒的另一面重复步骤 2，使剪出的两个长方形彼此对称。注意不要摆动它们，尽量使它们保持硬挺状态。
4. 将两根橡皮筋分别绕在两个长方形上，轻轻向下拉，使橡皮筋沿着筒外侧垂下。
5. 用胶带加固长方形上部，使橡皮筋无法滑落。

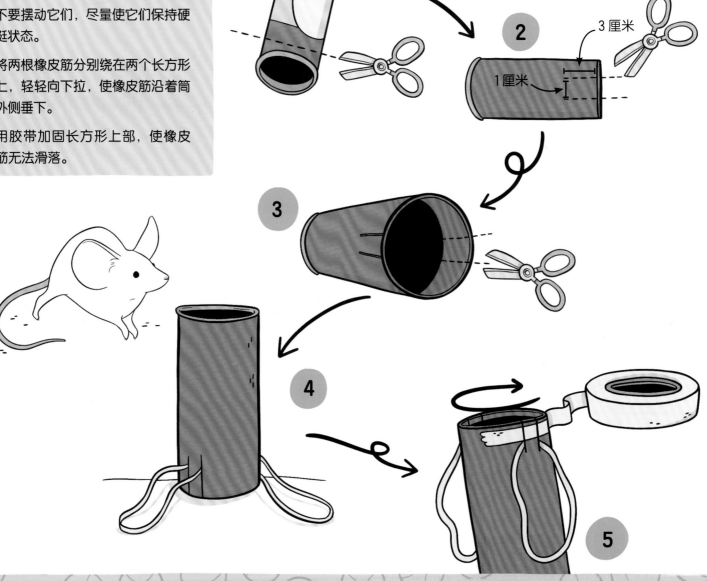

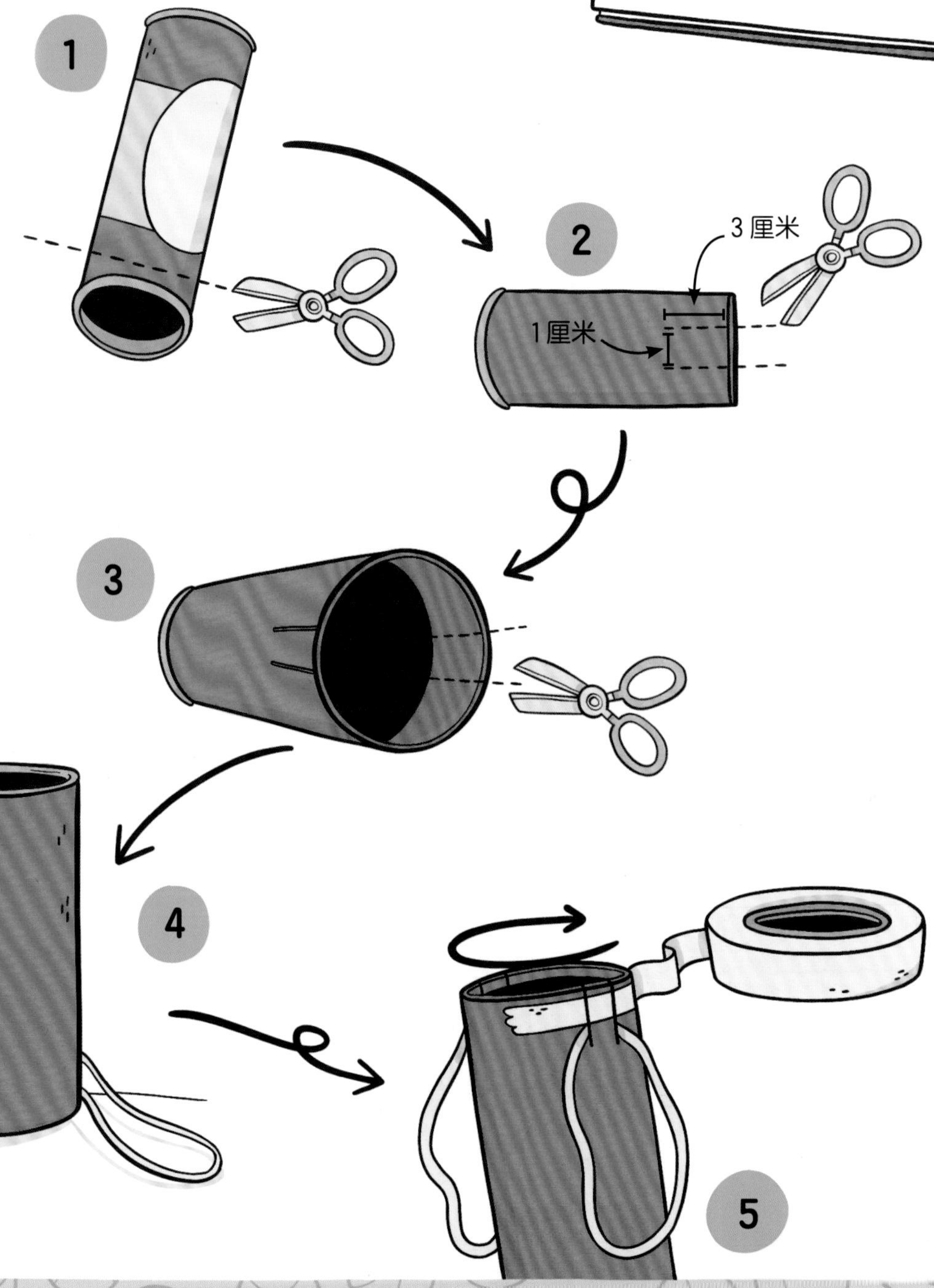

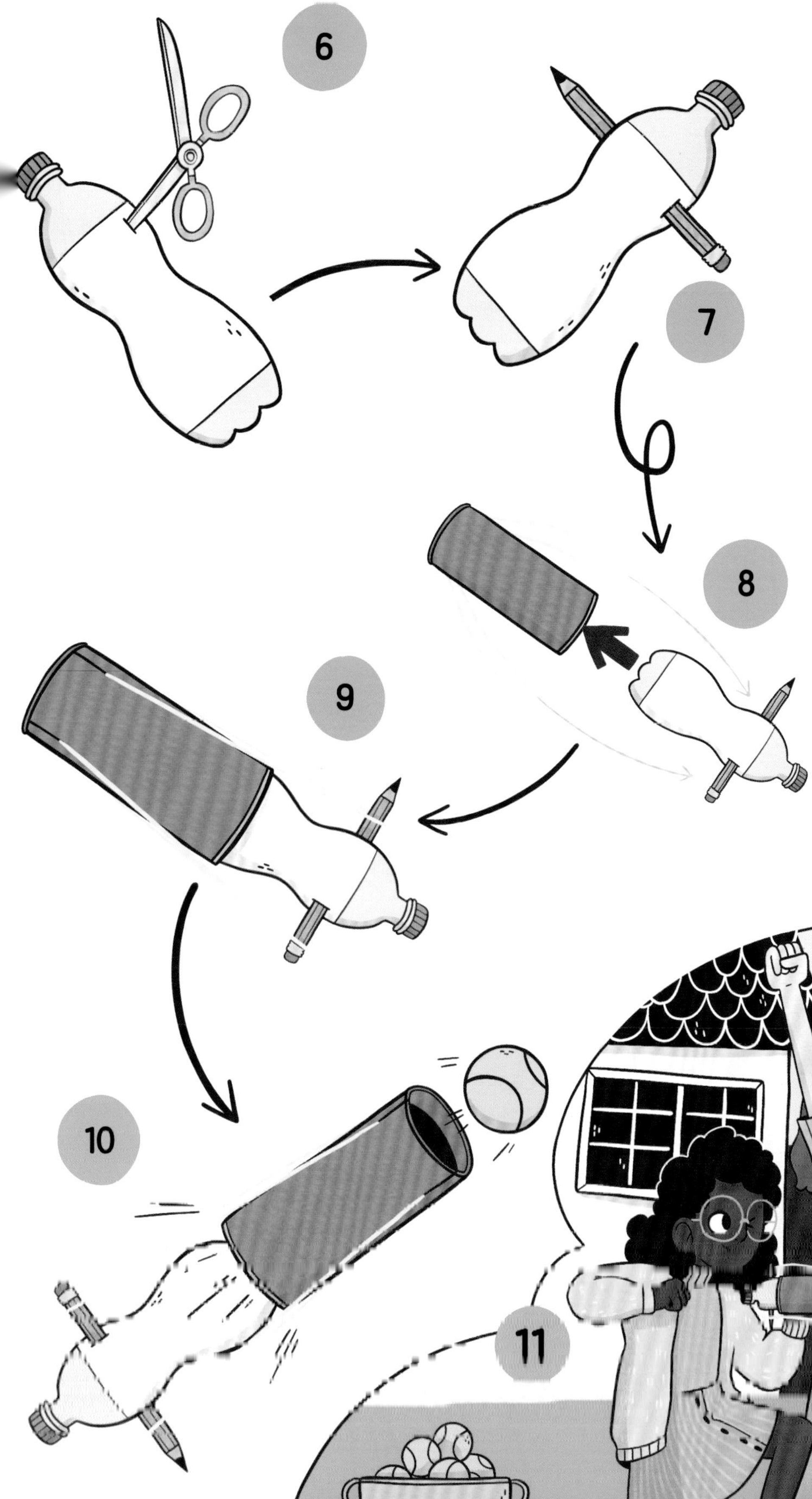

6. 用剪刀在塑料瓶靠近瓶口的位置戳两个孔，使两孔相对。此步骤难度较大，务必在成人的协助下完成。

7. 将铅笔穿过两个孔，使其从塑料瓶的两侧伸出。

8. 将塑料瓶的底部插入薯片筒没有橡皮筋的一端，直至铅笔碰到薯片筒的边缘为止。

9. 将两根橡皮筋向下拉，分别勾住铅笔的两端。

10. 现在，如果你把塑料瓶从薯片筒中拉出来，橡皮筋就会拉伸。你一放手，塑料瓶就会弹回薯片筒里。

11. 往薯片筒里放一个球，拉出塑料瓶。注意检查你瞄准的地方，以免误伤他人或打碎物体！然后松手，发射！

科学原理

当你拉出塑料瓶，使橡皮筋拉伸时，能量会储存在橡皮筋上。当你放手时，橡皮筋中的弹性势能会转换为动能，将球从薯片筒中弹射出来。橡皮筋具有弹性，因此其能量形式可以随形状变化而转换。塑料瓶和薯片筒由坚硬的材料制成，可充当发射筒的骨架。

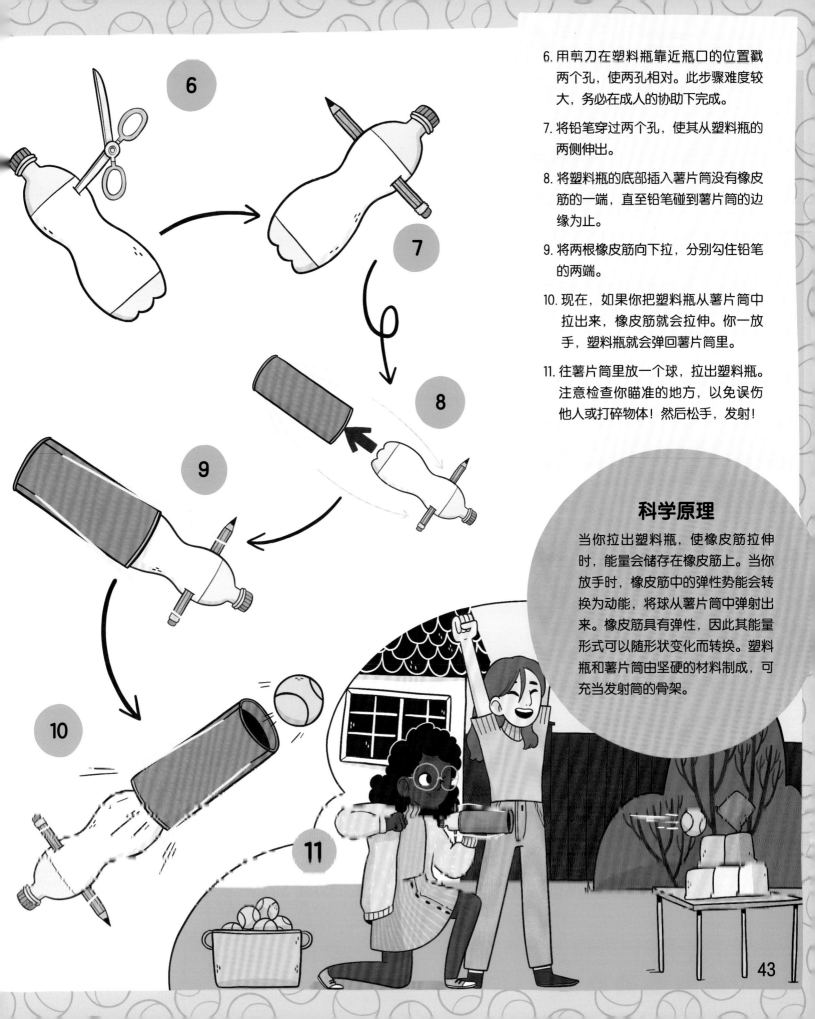

穹顶

穹顶就像一个空心球的上半部分，是一种非常坚固的建筑结构。下面我们就用硬卡纸做一个穹顶结构并测试它的强度吧！

你需要用到：

- 一张硬卡纸（比普通纸张厚，但能弯曲）
- 剪刀
- 图钉
- 橡皮筋
- 若干不同质量的小物件，例如橡皮擦和小玩具

动动手吧！

实验步骤：

1. 将硬卡纸剪成相同大小的长条。
2. 将纸条堆叠整齐后，找到最上层纸条的中心。
3. 在成人的帮助下，用图钉穿过这沓纸条的中心。
4. 将纸条呈扇状均匀展开。
5. 用橡皮筋将所有纸条的末端收拢，把它们固定成半球形，注意不要绑得太紧！
6. 现在测试一下穹顶的强度，看它可以支撑多重的物品吧！

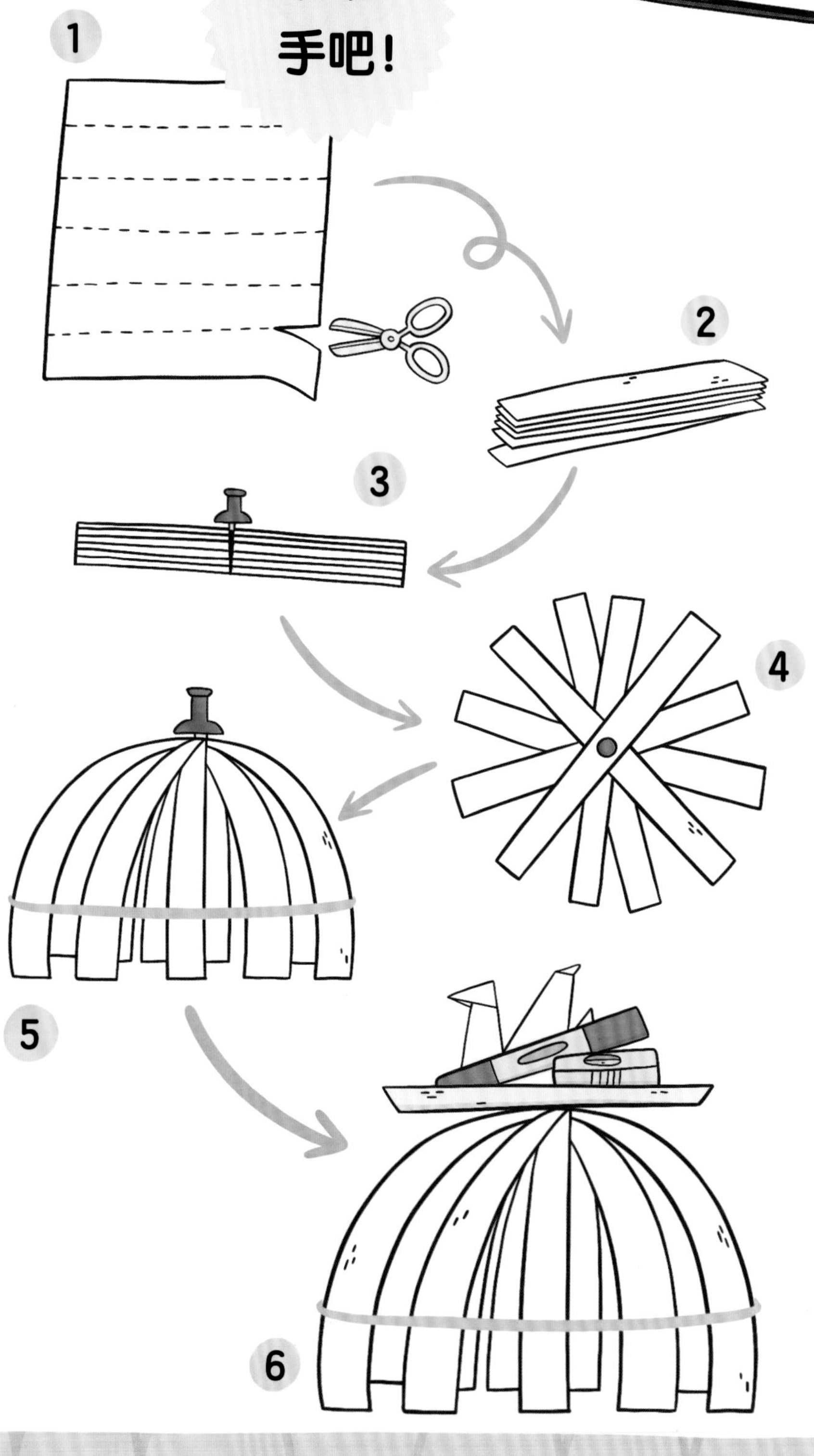

科学原理

穹顶结构将重量从顶部均匀地分散到底部。穹顶的底部（这里用橡皮筋表示）需要建造得比顶部厚，这样才能抵抗外力并保持结构稳定。

小风车

本实验旨在探索简单的转动机制。

一起来制造美好吧！

动动手吧！

你需要用到：

- 两张正方形牛皮纸，可以用彩纸或自行涂色
- 一把剪刀
- 一个小贴纸
- 木棍
- 图钉

实验步骤：

1. 将两张正方形牛皮纸对齐叠放，最好用两张不同颜色的纸。
2. 将纸沿对角线对折，再打开。
3. 再沿另一条对角线对折一次。
4. 从正方形的四个角沿对角线裁剪至离正方形中心约 3 厘米处。
5. 从四个角各选一片纸依次间隔向中心弯曲（注意不要压出折痕），然后用贴纸固定在中间。
6. 在成人的帮助下，用图钉穿过贴纸中央，将风车固定在木棍上。注意不要压得太紧，这样风车才能转动起来。

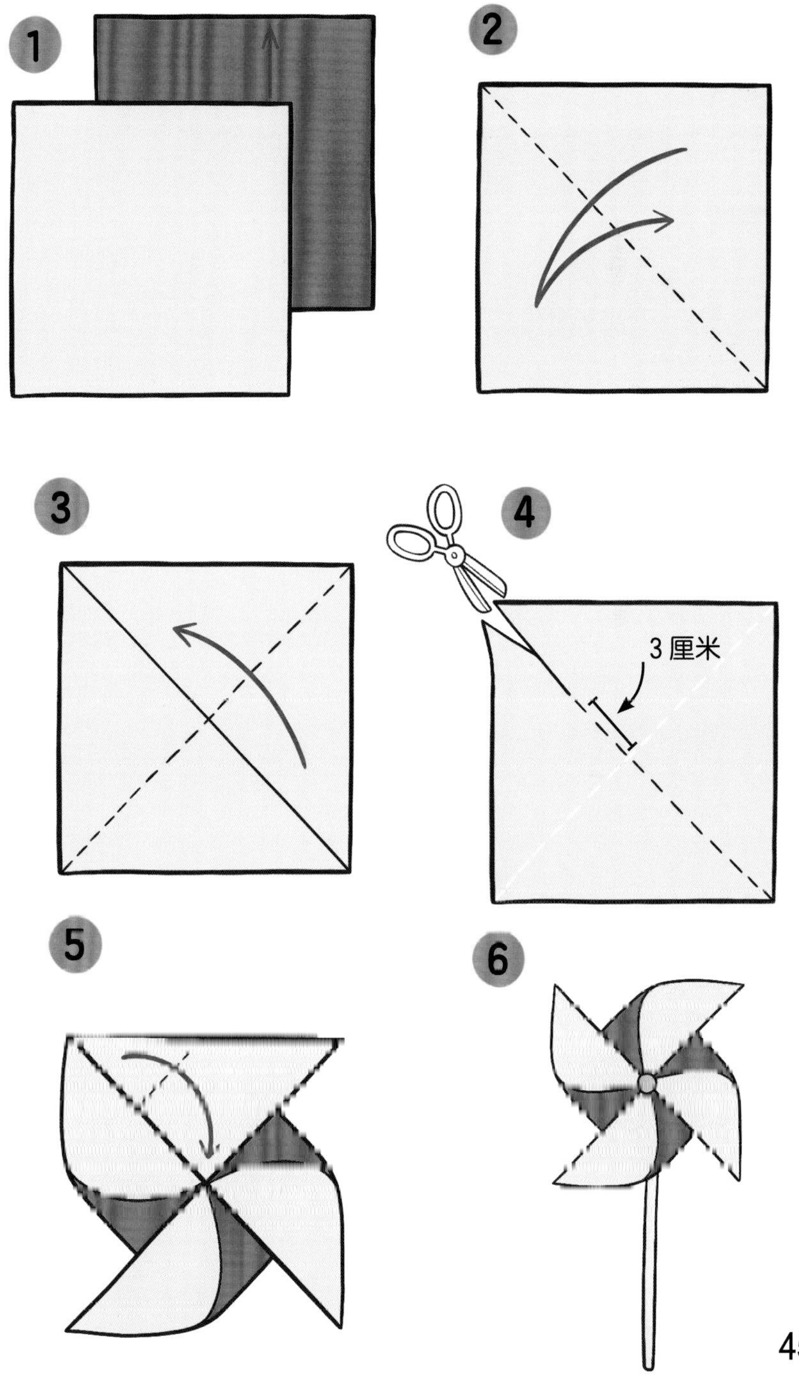

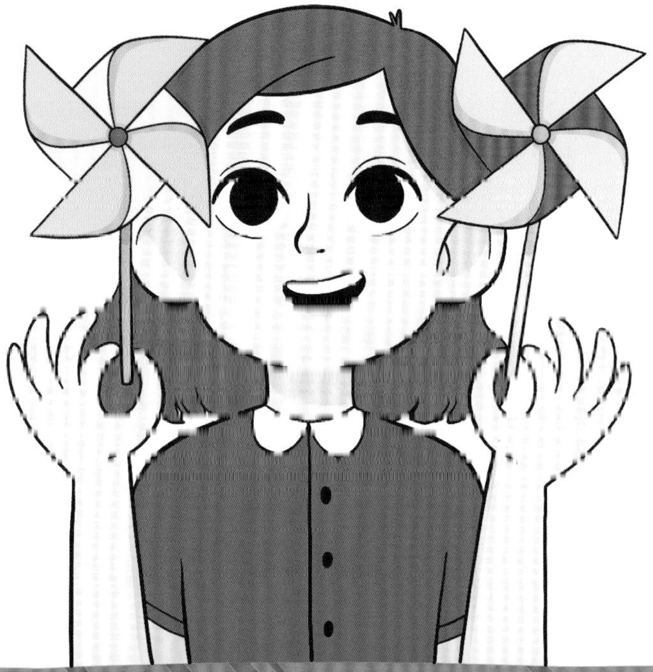

术语表

集装箱

具有标准尺寸和强度、专供运输业务中周转使用的大型装货箱。

水道桥

古罗马为供应生活用水而建造的大型引水渠道。

悬索桥

用悬挂的高强度缆索将桥面吊起的桥，又称“吊桥”，常用于跨越山谷、大河、海峡等。

盾构机

一种用于地下隧道建设的重型机械设备，能够在掘进机挖掘土壤的同时，利用圆柱体的金属外壳（盾）支撑隧道，承受周围土层的压力，一边掘进一边拼装衬砌。

天际线

由城市中的高楼大厦与天空相交形成的一条轮廓线。摩天大楼在许多大都会的天际线中扮演着重要角色。

结构工程

研究如何设计、分析和建造结构物，并用力学方法对建筑结构的强度和稳定性进行评估的科学，常被看作土木工程的分支。

虹吸现象

利用压强差的原理，用曲管将高处的液体引向低处的现象。

污泥

在污水处理过程中产生的固体沉淀物质。

感谢如下素材的授权使用
上 =t，下 =b，中心 =c，左 =l，右 =r

7 Drazen Zigic/Shutterstock; 10c kavram/Shutterstock, 10b Ivan Soto Cobos/Shutterstock; 11t fotohunter/Shutterstock, 11b Benson HE/Shutterstock; 20cl PA Images/Alamy Stock Photo, 20c qaphotos.com/Alamy Stock Photo, 20cr Bengt Hultqvist/Alamy Stock Photo; 21c RUSSAL/Shutterstock, 21T Dima Zel/Shutterstock, 21b Locomotive74/Shutterstock; 32 Soho A Studio/Shutterstock; 35t Frans Blok/Alamy Stock Photo; 24tl f8 archive/Alamy Stock Photo, 24tr Interfoto/Alamy Stock Photo, 24b Image Source/Alamy Stock Photo, 24bl Prill/Shutterstock; 38tl Wladimir Bulgar/Science Photo Library, 38c Xinhua/Alamy Stock Photo; 39t NASA/Science Photo Library, 39c Sipa US/Alamy Stock Photo, 39b Steve Linbridge/Alamy Stock Photo.

永久性冻土

常年保持冰冻状态的厚层地下土壤。

活塞

受燃气压力作用，在气缸内做往复运动的圆柱形零件。活塞通常与连杆协作，实现运动形式的转换和动力的传递。

内燃机

燃料直接在机器内部燃烧，将释放的热能转换为机械能的一种热力发动机。

碳捕集

把燃煤电厂或其他工业过程中排放的二氧化碳进行捕获提纯的过程，其后常伴随二氧化碳的封存，目的是阻止过量的二氧化碳进入地球大气层，加剧全球变暖。

生物质

直接或间接利用光合作用形成的各种有机体，包括植物、动物、微生物，以及其代谢物。

安置房

在发生自然灾害的地区，对受灾人员进行过渡性安置的场所。

原型

泛指原始类型、形式、体例或结构，或能够代表某类事物的典型个例。

穹顶

具有一个圆形平面的拱顶结构。穹顶设计不仅外观优美，而且能够承受巨大的重量和压力。

作者和绘者

珍妮·雅各比

珍妮的主要工作是创作、编辑童书和儿童刊物。她喜欢用充满童趣的方式传播知识，其作品包括科普书、人物小传、谜题和智力测验。珍妮和她的家人住在英国伦敦。

露娜·瓦伦丁

露娜是一名波兰儿童图书插画师，现居英国诺丁汉。她受到科学、自然和民间故事的启发，创造出了幽默、古怪的人物角色。露娜拥有插画硕士学位，与包括阿歇特和麦克米伦在内的多家知名出版社都保持着稳定的合作关系。